Christian Timmermann

# Japanische Automobilunternehmen in Nordamerika

GRIN Verlag

**Bibliografische Information der Deutschen Nationalbibliothek:**

Die Deutsche Bibliothek verzeichnet diese Publikation in der Deutschen National-
bibliografie; detaillierte bibliografische Daten sind im Internet über http://dnb.d-
nb.de/ abrufbar.



**Impressum:**

Copyright © 2010 GRIN Verlag GmbH
Druck und Bindung: Books on Demand GmbH, Norderstedt Germany
ISBN: 978-3-656-17817-0

RWTH Aachen

Geographisches Institut

Hauptseminar

11.10.2010

Wintersemester 2010/2011

Hausarbeit

# Japanische Automobilunternehmen in Nordamerika

Christian Timmermann

5. Semester

Studienfach: B. Sc. Angewandte Geographie

# Inhaltsverzeichnis

# Abbildungs- und Tabellenverzeichnis

# 1 Einleitung

Der nordamerikanische Kontinent ist sehr weitläufig und dementsprechend müssen große Distanzen überwunden werden, um verschiedene Verdichtungsräume zu erreichen. Somit spielt die Mobilität eine sehr große Rolle und zur Zeit der Entdeckung und Erschließung des nordamerikanischen Kontinents waren die Menschen zunächst auf Pferde angewiesen, später auf die Eisenbahn und heute schließlich auf Kraftfahrzeuge. Somit spielt die Automobilindustrie eine sehr wichtige Rolle in Nordamerika. In Kanada und den USA wurden im Jahr 2009 insgesamt ca. 7,2 Mio. Automobile produziert. Davon entfallen etwa 2,6 Mio. allein auf japanische Automobilhersteller, was einem Anteil von 36 Prozent entspricht.

Japanische Automobilunternehmen sind weltweit in einer Organisation vereint, der Japan Automobile Manufacturers Association (JAMA). Diese liefert ausführliches Datenmaterial und Statistiken zu Produktion, Standorten, Verkäufen und Zukunftsaussichten und -plänen der größten japanischen Automobilhersteller weltweit. Vor allem die entsprechenden Zweigstellen in den USA und Kanada haben dem Thema dieser Arbeit wertvolle Informationen geliefert, die sich alle über das Internet abrufen lassen.

# 2 Geschichte der Automobilindustrie in Nordamerika

Dieses Kapitel der Arbeit behandelt die Entwicklung der Automobilindustrie in Nordamerika. Dadurch soll vermittelt werden, warum welche Standorte von der Automobilindustrie in Nordamerika genutzt werden. Dabei werden Kanada und die USA einzeln betrachtet und schließlich der sogenannte Auto Pact zwischen den USA und Kanada vorgestellt.

## 2.1 Geschichte der Automobilindustrie in Kanada

Die kanadische Automobilindustrie hatte ihren Ursprung im Jahr 1904 in Windsor im Bundesstaat Ontario. Dorthin wurden von Ford Chassis exportiert und schließlich für den kanadischen und britischen Markt endmontiert. Im Jahr 1908 gründete Samuel McLaughlin die McLaughlin Motor Car Company, eine der ersten kanadischen Automobilunternehmen. Daraufhin versuchten viele in den rasch wachsenden Automobilsektor einzusteigen, jedoch scheiterten die meisten (JAMA 2009a:5). Die Industrialisierung, welche von der erfolgreichen Landwirtschaft in den Prärieprovinzen, dem Eisenbahnbau und der starken Zunahme an Einwanderern unterstützt wurde, setzte in der zweiten Hälfte des 19. Jahrhunderts ein. (Lenz 2001:186) Zusätzlich wurde die Produktion vor allem im Schiffbau, der Luftfahrtindustrie und der Automobilindustrie während des ersten Weltkrieges angekurbelt, sodass Kanada zum zweitgrößten Automobilproduzenten in den Jahren 1918 bis 1923 aufstieg (JAMA 2009a:5).

Die Investitionen, die aus England kamen, waren für den Grundstücksmarkt, Bauvorhaben und andere Projekt von großer Bedeutung, aber die wachsende Industrie benötigte höhere und vor allem langfristige Anlagen. Die Investitionen aus England waren seit dem ersten Weltkrieg rückläufig und es kamen immer mehr Investitionen aus den USA. Aufgrund von hohen Schutzzöllen, die Kanada im Rahmen seiner nationalen Politik verlangte, um kleinere kanadische Firmen gegen die Konkurrenz aus dem Ausland zu schützen, errichteten amerikanische Unternehmen Zweigwerke, um diese Schutzzölle zu umgehen. Weiterhin erschlossen sich dadurch den USA nicht nur neue Märkte in Nordamerika, sondern auch in Übersee. Die Vorteile für Kanada lagen hingegen nicht nur in den Investitionen, sondern auch die neuesten Technologien und Organisationsformen kamen aus den USA ins Land. Allerdings bedeutete dies wenig eigenständige Forschung und Entwicklung und ausserdem waren die Betriebe an die Unternehmen in den USA gebunden und mussten dementsprechend deren wirtschaftlichen Entwicklungen teilen (Vogelsang 1993:163). Bis zum Jahr 1932 hatten sich in Kanada etwa 1320 Zweigwerke aus den USA angesiedelt und bis in die 1960er-Jahre wurden es über 2000 und mehr als zwei Drittel dieser Zweigwerke haben Standorte in Ontario (Lenz 2001:186).

Süd-Ontario ist auch der Hauptstandort der Automobilproduktion in Kanada. Folgende Karte zeigt die starke Konzentration der Automobilindustrie.

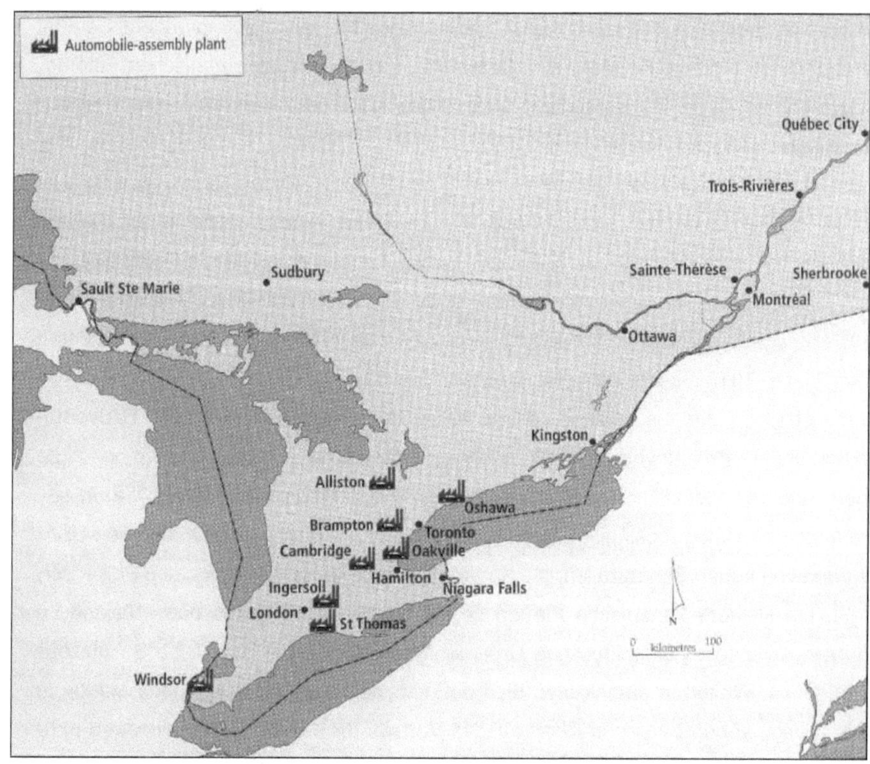


Abbildung 1: Standorte von Automobil-Montagewerken in Süd-Ontario
Quelle: Bone (2008), S. 223.

US-amerikanische Investoren bevorzugten das südliche Ontario, das nahe dem heimischen „Manufacturing Belt" gelegen ist und ausserdem der bedeutendste Markt Kanadas dort liegt (Vogelsang 1993:164).

## 2.2 Die Geschichte der Automobilindustrie in den USA

Die industrielle Entwicklung fand nicht überall im gleichen Maße statt, sondern war auf einige Teilgebiete beschränkt, die sich durch ihre Häfen, allgemeine Verkehrsgunst oder Ressourcen auszeichneten. Dies sind z.B. die Industrieagglomerationen an der atlantischen Küste, wie New York/New Jersey, Boston, Philadelphia und Baltimore auf der einen Seite und die Industriezentren im inneren des Landes zwischen dem Ohio River und den südlichen Großen Seen (Schneider-Sliwa 2005:86).

Dieser Bereich wird als „Manufacturing Belt" bezeichnet und beschreibt die wirtschaftliche Kernregion der USA. Um 1890 herum produzierte diese Region 80-90% der gesamten Wertschöpfung des Landes und bis 1971 waren es noch über 50%. Wichtige Faktoren, die bei der Entwicklung des Manufacturing Belt eine Rolle gespielt haben, war die Verfügbarkeit von Bodenschätzen und Rohstoffen, der wachsende Zustrom von Einwanderern und die voranschreitende Verkehrserschließung (Hahn 2002:118).

Die Automobilindustrie wird als Leitindustrie für die Regionalentwicklung gesehen und aus einer Vielzahl von kleinen und mittelgroßen Produktionsbetrieben bildeten sich wenige Großunternehmen. In den 1920er Jahren dominierten die „großen Drei": Ford, General Motors und Chrysler, die sich mit Hilfe von Produkt- und Prozessverbesserungen gegen die Konkurrenz durchsetzen konnten. Den Durchbruch markierte dabei die Einführung der Fließbandproduktion und die damit verbundenen Steigerung der produzierten Stückzahlen bei gleichzeitiger Senkung der Kosten.

Das Zentrum der Automobilindustrie war lange Zeit im Manufacturing Belt angesiedelt und zwar im Großraum Detroit. Dort entstanden mit dem sogenannten „in-house-Konzept" zusammenhängende Industriekomplexe mit Stahlproduktion, Blechgewinnung und –verarbeitung, Karosseriebau, Motorenproduktion bis zur Montage des Endproduktes (Hahn 2002:121).

Seit den 1970er Jahren allerdings hat sich die Produktion auch in andere Teile des Landes verlagert und auch ausländische Produktionsstandorte zeigen ein sehr differenziertes Standortmuster (Schneider-Sliwa 2005:199).


## 2.3 Der „Auto Pact" zwischen den USA und Kanada

Der sogenannte „Auto Pact" von 1965 zwischen den USA und Kanada ist ein Handelsabkommen der beiden Staaten, welches die Automobilindustrie betrifft. Mit diesem Abkommen wurden die Zölle auf importierte Autos und Autoteile zwischen den beiden Ländern abgeschafft. Für Kanada bedeutete dies im Wesentlichen drei Vorteile:

1. Es garantierte, dass kanadische Fabriken nicht geschlossen werden würden;

2. Kanadische Fabriken konnten nun durch Spezialisierung auf ein paar Modellty-
   pen Skalenvorteile erlangen und dadurch
3. Den Preis für die Kunden in Kanada senken (Bone 2008:219).

Des Weiteren wurden spezielle Schutzmaßnahmen für kanadische Produktionsanlagen
vereinbart.

Durch den Auto Pact waren die großen Drei in der Lage sowohl Autos als auch Autoteile zollfrei nach Kanada zu importieren. Andere Hersteller jedoch mussten weiterhin Ein-
fuhrzölle zahlen. Japan und die EU wanden sich daraufhin an die Welthandelsorganisa-
tion (WTO). Diese befand im Juli 2001 das Abkommen zwischen den USA und Kanada
als unfairen Wettbewerbsvorteil und schaffte es ab. Dies trug im Wesentlichen dazu bei,
dass Toyota und Honda ihre Stellung auf dem nordamerikanischen Markt weiter aus-
bauen konnten (Bone 2008:220).

# 3 Geschichte der japanischen Automobilindustrie

In diesem Kapitel wird die Geschichte der japanischen Automobilindustrie vorgestellt
werden, um die Entwicklung der Unternehmen in Nordamerika im historischen Kontext
zu verstehen.

Die Anfänge der japanischen Automobilindustrie waren nicht sehr erfolgreich. Im frühen
20. Jahrhundert gab es nur wenige Automobile in Japan und die meisten von ihnen waren importiert. Nur ein paar wenige  Unternehmer versuchten selber Fahrzeuge in Japan zu produzieren. Dies wurde meist schnell wieder aufgegeben, da sie keine Möglichkeit sahen, zahlreich und kostengünstig zu produzieren (Chang 1981:10).

Während des ersten Weltkrieges war der Schiffsbau die erfolgreichste und ertragreichs-
te Industrie in Japan und nachdem der Krieg zu Ende war, wurde versucht, durch Er-
weiterung der Produktpalette, die bevorstehende Rezession zu überstehen. Die Automobilproduktion wurde dafür als die erfolgversprechendste angesehen und so begann
in einigen Reedereien die Produktion von PKW und LKW im Jahr 1916.

Trotzdem entschieden die Manager der Firmen, die Produktion wieder einzustellen, da
sie es nicht als profitabel ansahen und so wurde die Produktion 1921 wieder eingestellt.
Auch Versuche mit ausländischen Lieferanten zusammenzuarbeiten scheiterten.

Entscheidende Impulse für die Entwicklung der japanischen Automobilindustrie lieferte schließlich das Militär. Dieses untersuchte ausländische Modelle und sammelte so Erfahrungen und lernte Technologien kennen. So hatte das Militär bald die fortschrittlichste Technologie und ausserdem genügend finanzielle Ressourcen, um die Produktion in Japan aufzunehmen. Nachdem einige europäische LKW untersucht worden waren, wurden schließlich eigene Modelle nach dem Vorbild eines deutschen Modells gebaut (Chang 1981:12).

Die Produktion des japanischen Militärs war jedoch auf dessen Bedürfnisse ausgelegt und der zivile Markt war nach wie vor auf Importe angewiesen. Schließlich lieferten ausländische Automobilhersteller die entscheidenden Impulse. Zum einen brachten sie überhaupt Personenwagen ins Land und zum anderen eröffneten Ford und General Motors in den Jahren 1924 und 1926 Produktionsstandorte in Japan und brachten so technisches Know-How ins Land. Ausserdem wurden positive Effekte auf die Zulieferindustrie ausgeübt, da viele Teile in Japan gekauft wurden (Chang 1981:16f.). Aber aufgrund der sich immer nationaler ausrichtenden Politik in den 1930er Jahren, wurden die ausländischen Produzenten zunächst auf eine bestimmte Anzahl von Kraftfahrzeugen limitiert und schließlich musste die Produktion 1939 komplett eingestellt werden (Chang 1981:24).

In dieser Zeit gründeten sich auch japanische Automobilhersteller, wie z.B. Toyota, Nissan oder Mitsubishi.

Nach Flüchter und Yamamoto (2002) kennzeichnen fünf Phasen die jüngere Entwicklung der Automobilindustrie in Japan. In der ersten Phase, die bis etwa Mitte der 1960er Jahre anhielt, konzentrierte sich die Produktion vor allem auf Nutzfahrzeuge. Währenddessen konnten sich die Hersteller Kapital und Technologie aneignen und im Schutz eines damals noch geschlossenen Kfz-Binnenmarkts entwickeln. In der zweiten Phase, die bereits Anfang der 1960er Jahre einsetzte stieg die Produktion von Personenwagen rapide an, um die Nachfrage auf dem Binnenmarkt zu stillen. Durch die zunehmende Sättigung des eigenen Marktes wurde der Export von Automobilen in der dritten Phase nach 1973 angekurbelt. Vor allem in den USA stieg die Nachfrage aufgrund der Ölkrise nach kleinen, spritsparenden Autos. In der vierten Phase ab 1985 erweitert sich die Produktion auch ins Ausland, wobei die Produktion im Inland ebenfalls weiterhin steigt. Seit 1990 ist in der fünften Phase ein deutlicher Rückgang der Inlandproduktion zu erkennen, der nur teilweise durch Fertigung im Ausland ausgeglichen werden kann. Die

Auto-Auslandsproduktionsquote liegt damals bei immerhin 25% (Flüchter/Yamamoto 2002:21).

Heute hängen etwa 5,15 Mio. Arbeitsplätze in Japan an der Automobil- und allen zugehörigen Industrien (JAMA 2010:2).


## 4 Entwicklung japanischer Automobilhersteller in Nordamerika

Japanische Automobile sind heute in den USA und Kanada sehr beliebt. Japanische Autohersteller haben sich durch die Qualität ihrer Produkte, ein vielfältiges Angebot und ein großes Netz von Händlern und Werkstätten die Akzeptanz der amerikanischen Käuferschafft erarbeitet.

In den späten 1950er Jahren haben japanische Autokonzerne erkannt, dass der Markt für Kleinwagen in Nordamerika riesig ist, aber dass dieser von amerikanischen Herstellern kaum bis gar nicht bedient wird. Lediglich europäische Marken zielten in diesen Bereich, vor allem Volkswagen. Daraufhin stellten Toyota und Nissan 1958 verschiedene Kleinwagenmodelle in Los Angeles vor, die jedoch in Tests schlecht abschnitten und so die Exportbemühungen für einige Jahre wieder eingestellt wurden. Des Weiteren hatten japanische Automobilhersteller bis zu den späten 1960er Jahren Probleme mit den Produktionskosten, was auf das geringe Produktionsvolumen und die hohen Kosten der einzelnen Teile zurückzuführen war. Diese Kosten konnten aufgrund von Änderungen und Optimierungen im Produktionssystem gesenkt und die Qualität der Fahrzeuge verbessert werden (Howes 1993:18).Die japanischen Hersteller nahmen die Exporte ihre Kleinwagen in den späten 1960er und frühen 1970er Jahren wieder auf als amerikanische Verbraucher auf diese aufgrund der Ölkrise besonders aufmerksam wurden (Chang 1981:101).

Auch preislich waren die japanischen Modelle sehr attraktiv. Sie waren meist günstiger als amerikanische Modelle und vergleichbar mit anderen importierten Modellen in ähnlicher Größe (Chang 1981:102). Des Weiteren konzentrierten sich die japanischen Hersteller bei der Erstellung ihres Händler- und Servicenetzes zunächst auf die Pazifikstaaten. Kalifornien war dort der wichtigste Markt, da dort die Neuzulassungen von Kraftfahrzeugen in den USA durchschnittlich um 10% höher lag als im Rest des Landes. Das

Händler- und Servicenetz sollte in diesen ausgewählten Regionen, die absolute Zufriedenheit der Kunden sicherstellen (Chang 1981:106f.)

In den 1950er Jahren haben die amerikanischen Automobilhersteller noch rund 95% der verkauften Autos produziert. 20 Jahre später sank der Anteil auf nur noch 82%. Zu Beginn der 90er Jahre lag er bei nur noch 65% (Krumme 1991:25).

Folgendes Diagramm zeigt die Entwicklung der Produktion japanischer Autos in den USA und den Import.

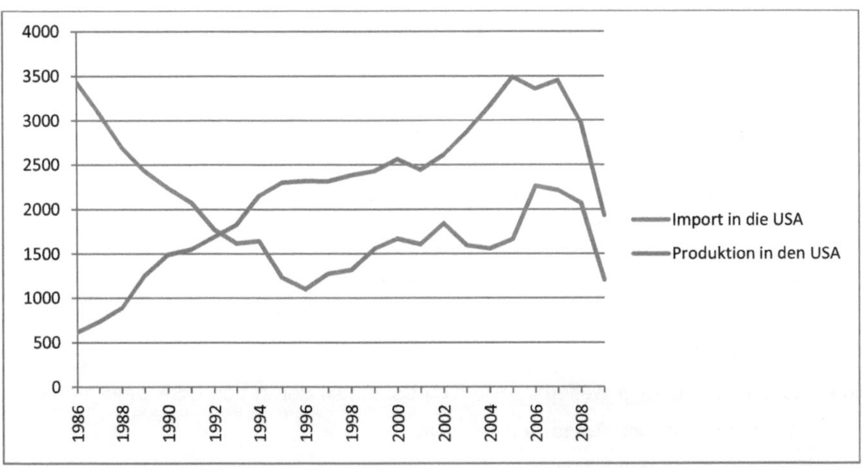


Abbildung 2: Entwicklung der Produktion in den USA und Import in die USA (1986-2009)

Quelle: eigene Darstellung nach JAMA (2009), S. 5.

Mitte der 1980er Jahre war das Produktionsvolumen noch vergleichsweise gering, da bis dato noch nicht viele Hersteller Produktionsstätten in den USA eröffnet haben. Doch im Laufe der Zeit wurden immer mehr Produktionsstätten gebaut, sodass heute japanische Hersteller in 31 Anlagen in den USA und 4 in Kanada produzieren. So erfuhr die Produktion bis zum Jahr 2007 eine positive Entwicklung bis zum Erreichen der 3,5 Mio. Einheiten-Marke. Dann wurden die Produktion und auch der Export aufgrund der weltweiten Rezession zurückgefahren.

Für Kanada ergibt sich ein recht ähnliches Bild was die Produktionszahlen von Automobilen angeht. Folgendes Diagramm zeigt die Entwicklung der Produktion japanischer Automobilhersteller in Kanada und den Export.

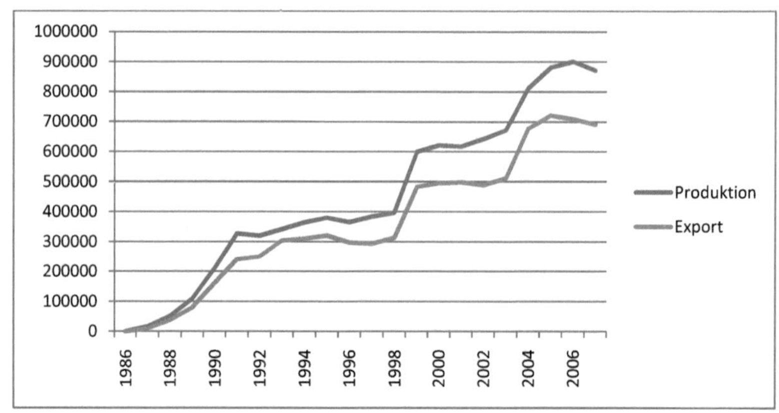

Abbildung 3: Entwicklung der Produktion in Kanada und dem Export (1986-2007)

Quelle: eigene Darstellung nach JAMA of Canada (2009²), S. 19.

Das Diagramm zeigt ähnlich wie in den USA einen stetigen Anstieg der Produktion bis auf etwa 900 000 Einheiten im Jahr 2006. Ausserdem wird hier die große Bedeutung des Exports deutlich.

Folgendes Diagramm zeigt weiterhin, wie sich der Anteil der in den USA produzierten und verkauften japanischen Autos verändert hat.

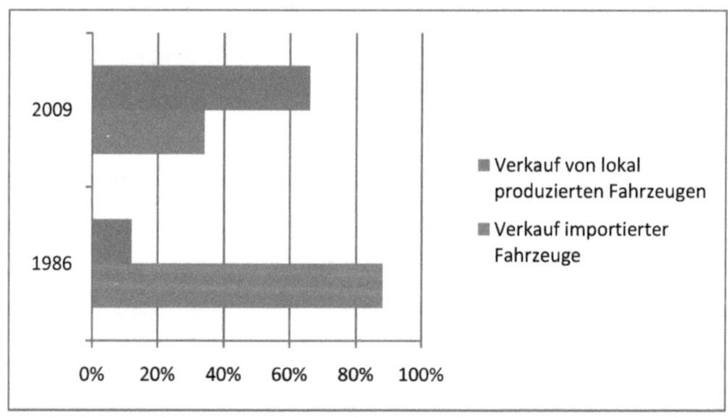

Abbildung 4: Entwicklung Verkaufszahlen lokal produzierten/importierten jap. Kfz

Quelle: eigene Darstellung nach JAMA (2009), S. 5.

Im Jahr 2008 wurden bereits 62% der in Nordamerika verkauften Fahrzeuge von japanischen Herstellern auch in Nordamerika selber produziert. Im Jahr 2009 stieg diese Zahl sogar noch auf 66%.


## 4.1 Japanische Effektivität und Reaktionen auf den Erfolg

Bereits Perry (1982:29) stellte fest, dass die japanische Automobilindustrie durch Automatisierung, höhere Produktionsvolumen und verschiedene Produktionstechniken solch niedrige Produktionskosten erreicht haben, dass ihr Marktanteil in den USA und Kanada ohne Importkontrollen immer weiter ansteigen würde. Krumme (1991:23) stellt ebenfalls heraus, dass die japanischen Unternehmen in ihrer Arbeitsweise effektiver waren als die lokalen Produzenten zu dieser Zeit. Dies erreichten sie dadurch, dass sie sich nicht den gegebenen Umständen anpassten, sondern ihre eigenen Methoden und teilweise ihr bewährtes Arbeitsklima übertrugen.

Sie haben damit bewiesen, dass die stetige technische und organisatorische Rationalisierung des Produktionsprozesses die Produktion im Land gehalten werden bzw. als Antwort auf Handelsbeschränkungen auch am hochindustrialisierten Markt stattfinden kann (Krumme 1991:23).

Der große Erfolg japanischer Modelle auf dem amerikanischen Markt hat die Konkurrenzsituation zwischen den Herstellern deutlich verschärft. Maßnahmen zum Schutz der lokalen Hersteller wurden stark diskutiert und es wurde angeführt, dass die amerikanische Automobilindustrie große Wichtigkeit in Fragen der nationalen Sicherheit einnimmt. Solche Aussagen wurden auch von der japanischen Regierung in den 1930er Jahren getätigt und führten letztlich zur Schließung der amerikanischen Produktionsstätten in Japan (vgl. Kap. 3). Die japanischen Hersteller haben die aufkommenden Forderungen nach Protektionismus in den USA erkannt und die Exporte in die USA seit November 1980 freiwillig heruntergefahren. Zusätzlich wurde von den japanischen Herstellern eine Kampagne initiiert, um in den USA produzierte Autoteile nach Japan zu importieren. Diese Entwicklung hat bis heute einen sehr positiven Verlauf für die amerikanische Zulieferindustrie genommen (vgl. Diagramm 4). Petitionen seitens der amerikanischen Automobilindustrie zur Einrichtung von Schutzmaßnahmen wurden von der U.S. International Trade Commission 1980 abgelehnt (Chang 1981:152f.). Einzelne amerikanische Firmen gingen strategische Allianzen mit japanischen Unternehmen ein, wie z.B. General Motors mit Isuzu oder Ford mit Toyo Kogyo, um von ihren Partnern zu profitieren (Perry 1982:30).

Des Weiteren wurde in den frühen 1980er Jahren die Möglichkeit diskutiert, eigene Montagewerke in den USA zu errichten. Die USA übten auf die japanischen Hersteller Druck aus, damit sie die Produktion in den USA aufnehmen, um ihre Wirtschaft zu stärken. Aber auch aus eigenem Interesse nahmen japanische Unternehmen die Standortanalyse auf und entschieden sich letztendlich für die Werke in den USA (Chang 1981:155).

Im Zuge der Werksöffnungen von japanischen Herstellern auf dem amerikanischen Kontinent sind verschiedene Joint Ventures eingegangen worden. So z.B. auch von General Motors und Toyota, die zusammen unter dem Namen „New United Motors Manufacturing, Inc." (NUMMI) ein Montagewerk in Fremont, Kalifornien wiedereröffnet haben, um Modelle beider Marken zu produzieren und zu verkaufen. Diese Zusammenarbeit wurde auf der sechsten U.S.-Japan Automotive Industry Conference in Michigan vom damaligen Präsidenten dieses Unternehmens, Tatsuro Toyoda, als Experiment vorgestellt, in dem beide partizipierenden Firmen viel voneinander lernen können (Arnesen 1987:29).

## 4.1.1 Das Toyota Produktionssystem

Das sogenannte Toyota Produktionssystem (TPS) hat maßgeblich zu dem Erfolg japanischer Automobilhersteller weltweit beigetragen. Im Allgemeinen spricht man auch von der sogenannten schlanken Produktion (lean production). Dieser Begriff wurde Anfang der 1990er Jahre von Mitarbeitern des MIT in einer Studie zu Produktionsabläufen geprägt (Becker 2006:262). Das System nahm seine Anfänge in den 1960er Jahren und wurde seitdem ständig weiterentwickelt.

Das System fußt vor allem auf der Vermeidung von Verschwendung, also der Minimierung von ungenutzter Zeit. Dies steigert die Effizienz und senkt die Kosten.

> Um dieses Ziel zu erreichen, darf nur genau das hergestellt werden, was auch wirklich von der verbrauchenden Funktion – sei es im internen Produktionsprozess, sei es der Automobilkäufer bzw. der Händler als Endkunde – benötigt wird,

bei gleichzeitiger Minimierung von Kapital- und Arbeit(er)seinsatz in der Produktion. (Becker 2006:278)

Zu diesem Zweck muss zunächst die Effizienz und Leistungsfähigkeit jedes einzelnen Fließbandes separat und akribisch analysiert werden, um dann vergleichen zu können, wie sich die einzelnen Arbeitskräfte auf die Produktivität ihrer Arbeitsgruppe, und diese wiederum sich auf die Produktivität des gesamten Werkes ausrichten.

## 4.1.2 Just-in-Time

Ein sehr wichtiger Teil im Prinzip der Verschwendungsvermeidung ist die sogenannte Just-in-Time Produktion. Das bedeutet, dass die zur Montage benötigten Teile, genau zur richtigen Zeit und in exakt der nachgefragten Menge am Fließband eintreffen. Dadurch entstehen geringe Lagerbestände und –kosten.

Bei der Automobilherstellung ist es allerdings sehr kompliziert dieses Konzept bei allen Arbeitsgängen passgenau und planmäßig einzusetzen, weil die Aufeinanderfolge der Arbeitsgänge und Einzelprozesse sehr schnell erfolgt.

Es gibt viele Bereiche, die den komplexen Produktionsprozess im Automobilbau negativ beeinflussen können, was im Nachhinein zu minderwertigen, defekten Erzeugnissen bzw. kostenintensiven Zeitverzögerungen führt. Ausserdem ist es wichtig den Produktionsprozess als Einheit und nicht die einzelnen Bereiche isoliert zu betrachten, damit die Konsequenzen einzelner Arbeitsschritte auf den gesamten Produktionsprozess zu erkennen sind. (Becker 2006:277).

## 4.2 Standortgefüge in den USA

Die Automobilindustrie in den USA ist traditionell im Manufacturing Belt verhaftet, genauer noch im Großraum Detroit. Allerdings ist heute ein deutlich disperseres Bild zu erkennen. Folgende Karte und die zugehörige Tabelle zeigen die Standorte japanischer Produktionsstätten in Nordamerika.

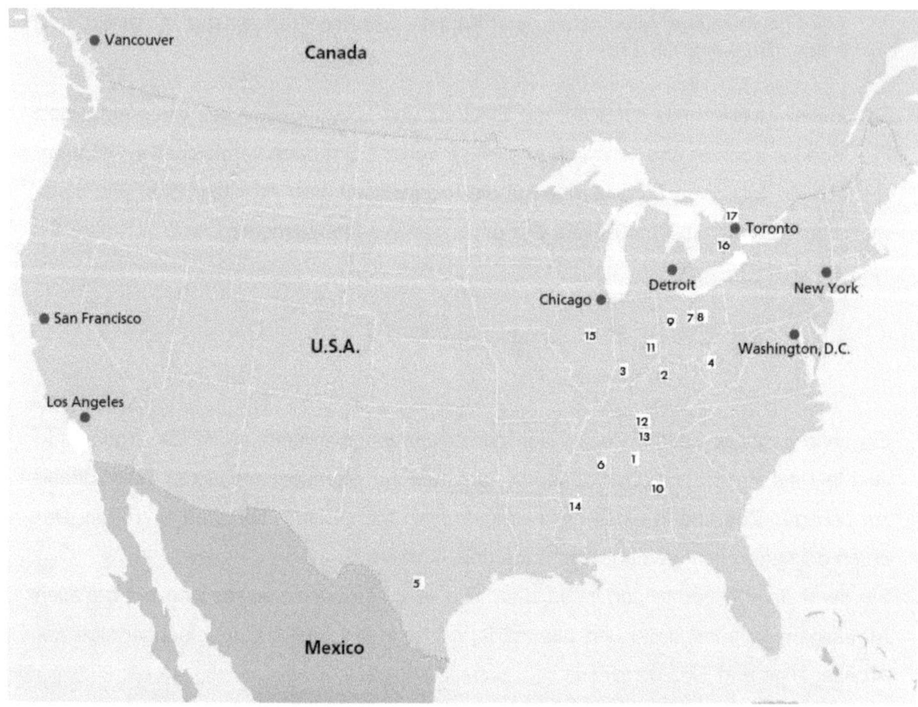


Abbildung 5: Ausgewählte Standorte japanischer Produktionsstätten in Nordamerika
Quelle: Eigene Darstellung, Kartengrundlage JAMA (2010).

| Hersteller | Standort in Karte | Name des Unternehmens | Gründungsjahr | Standort (Produktionsstart) | Investition |
|---|---|---|---|---|---|
| USA | | | | | |
| Toyota | 1 | Toyota Motor Manufacturing, Alabama, Inc. | 2001 | Huntsville, AL (2003) | 514 Mio. USD |
| | 2 | Toyota Manufacturing, Kentucky, Inc. | 1986 | Georgetown, KY (1988) | 5,6 Mrd. USD |
| | 3 | Toyota Motor Manufacturing, Indiana, Inc. | 1996 | Princeton, IN (1999) | 3,6 Mrd. USD |
| | 4 | Toyota Motor Manufacturing, West Virginia, Inc. | 1996 | Buffalo, WV (1998) | 1 Mrd. USD |
| | 5 | Toyota Motor Manufacturing, Texas, Inc. | 2003 | San Antonio, TX (2006) | 1,5 Mrd. USD |
| | 6 | Toyota Motor Manufacturing, Mississippi, Inc. | 2007 | Tupelo, MS (im Bau) | vorauss. 1,3 Mrd. USD |
| Honda | 7 | Honda of America Manufacturing, Inc. | 1978 | Marysville, OH (1982) | 4 Mrd. USD |
| | 8 | | | East Liberty, OH (1989) | 1,1 Mrd. USD |
| | 9 | | | Anna, OH (1985) | 1,7 Mrd. USD |
| | 10 | Honda Manufacturing of Alabama, LLC | 1999 | Lincoln, AL (2x) (2001/2004) | 1,4 Mrd. USD |
| | 11 | Honda Manufacturing of Indiana, LLC | 2006 | Greensburg, IN (2008) | 550 Mio. USD |
| Nissan | 12 | Nissan North America, Inc. | 1960 | Smyrna, TN (1983) | |
| | 13 | | | Decherd, TN (1997) | |
| | 14 | | | Canton, MS (2003) | |
| Mitsubishi | 15 | Mitsubishi Motors North America, Inc. | 1985 | Normal, IL (1988) | |
| Kanda | | | | | |
| Toyota | 16 | Toyota Motor Manufacturing, Canada, Inc. | 1986 | Cambridge, ON (2x) (1988/1989) | 4,8 Mrd. CAD |
| | | | | Woodstock, ON (2008) | |
| Honda | 17 | Honda Canada, Inc. | 1984 | Alliston, ON (2x) (1986/1998) | |

Tabelle 1: Daten zu Abbildung 5

Quelle: Angaben der Hersteller, JAMA (2010), S. 49.

Japanische Automobilhersteller errichteten ihre Werke zunächst gezielt in Krisengebieten des Manufacturing Belt wie Illinois, Indiana, Michigan, Ohio oder Kentucky. Dies waren zum einen Gebiete hoher Arbeitslosigkeit und Sozialbedürftigkeit und zum anderen Gebiete mit hoher gewerkschaftlicher Einbindung der Arbeitnehmer. So wurden durch japanische Produktionsstätten Arbeitsplätze geschaffen und so die Akzeptanz innerhalb der amerikanischen Bevölkerung deutlich gesteigert (Schneider-Sliwa 2005:201).

Insgesamt sind in der amerikanischen Automobilindustrie in jüngerer Zeit Südwanderungen festzustellen. Neue Produktionsstätten eröffnen von Texas bis Kentucky. Die Gründe liegen zum einen in der demographischen Entwicklung. Zwischen 1990 und 2000 hat die Bevölkerung in sechs südlichen Staaten der USA, Alabama, Georgia, Mississippi, South Carolina, Tennessee und Texas um 7,5 Millionen Menschen zugenommen. In den nördlichen Staaten des Manufacturing Belt, Illinois, Indiana, Michigan, Missouri, Ohio und Wisconsin hat die Bevölkerung lediglich um 3,6 Millionen Menschen zugenommen. Dementsprechend vergrößerte sich der Markt für die Automobilhersteller und sie folgten diesem Trend (Brahmst/Hill 2003:2). Weiterhin spielt die Quantität und die Qualität der zur Verfügung stehenden Arbeitskräfte vor allem für japanische Unternehmen eine bedeutende Rolle. Sie suchten gezielt nach Umgebungen mit einer gut ausgestatteten Bildungsinfrastruktur (Brahmst/Hill 2003: 6). Des Weiteren gibt es große Unterschiede in den Lohnkosten zwischen den südlichen und nördlichen Staaten im Bereich der Zulieferindustrie. Dies liegt vor allem an der stärkeren gewerkschaftlichen Einbindung der Arbeitnehmer im Norden (Brahmst/Hill 2003:5). In einer Untersuchung von Sims (2004) am Tansportation Research Institute der University of Michigan wurde ausserdem die Infrastrukturaustattung einer Region als sehr wichtiges Kriterium zur Standortwahl genannt. Darunter zählt die Verfügbarkeit von natürlichen Ressourcen, Energie und die Nähe zu überregionalen Highways und Flughäfen.


## 4.3 Standortgefüge in Kanada


In Kanada ist eine deutliche Konzentration der Automobilindustrie im südlichen Ontario zu erkennen, was vor allem mit der wirtschaftlichen Entwicklung Kanadas zusammenhängt und der Nähe des amerikanischen Marktes und den Ausstrahlungseffekten des

Großraums Detroit (vgl. Kapitel 2.1). Vor allem die Nähe zum amerikanischen Markt spielt eine entscheidende Rolle, da ein Großteil der in Kanada produzierten Kraftfahrzeuge für den Export bestimmt ist. Laut Industry Canada (2010b) befinden sich insgesamt 11 Montagewerke in Kanada, wovon 4 von japanischen Herstellern betrieben werden. Die Honda Canada Manufacturing Inc. betreibt nach eigenen Angaben zwei Montagewerke und eine Motorenfabrik in Alliston, Ontario (Honda Canada Manufacturing Inc. 2010). Die Toyota Motor Manufacturing Canada Inc. betreibt zwei Werke in Cambridge und eins in Woodstock (Toyota Motor Manufacturing Canada Inc. 2010). Die Ansiedlung fand hier zwar in der industriellen Kernregion des Landes statt, aber dennoch in suburbanen Räumen, die den Anforderungen der japanischen Herstellern gerecht wurden. Für die Standortentscheidung spielen wie in den USA die Verfügbarkeit von Arbeitskräften und die gute infrastrukturelle Anbindung eine wichtige Rolle (Sims 2004:5). Ein weiterer wichtiger Aspekt ist die Nähe zum Kunden. Im Jahr 1986 lebten in Kanada 25,3 Mio. Menschen und von diesen allein 15,6 Mio. in den Bundesstaaten Ontario und Québec mit einer starken Konzentration der Bevölkerung in den Agglomerationen Toronto, Ottawa und Montréal (Statistics Canada 2010).


## 4.4 Wirtschaftliche Bedeutung

Die Bedeutung von japanischen Automobilherstellern für das gesamte Wirtschaftssystem in Nordamerika ist enorm. Statistiken der kanadischen Industrie besagen, dass mit jedem eröffneten Montagewerk in Nordamerika 19 Zulieferfirmen in einem Umkreis von 60 Meilen eröffnen. Weiterhin bedeutet jeder Arbeitsplatz in einem Montagewerk ungefähr 4,9 weitere Jobs in indirekt betroffenen Industrien, wie etwa der Kunststoff- oder Gummiproduktion (Industry Canada 2010a:4).

Japanische Automobilunternehmen beschäftigten im Jahr 2008 etwa 57.000 Menschen allein in ihren 31 Montagewerken in den USA (JAMA 2009:3). Wenn man die Ausstrahlungseffekte berücksichtigt, ergibt das etwa 279.000 Arbeitsplätze, die noch mit diesen Montagewerken zusammenhängen.

Aber es werden auch Forschungs- und Entwicklungszentren in den USA betrieben, die im Jahr 2008 etwa 3.700 Mitarbeiter beschäftigten. Ein besonders großen Anteil am Arbeitsplatzangebot machen die Mitarbeiter im Verkauf und Vertrieb von japanischen

Kraftfahrzeugen. In diesem Bereich waren im Jahr 2008 über 330.000 Menschen in den USA beschäftigt (JAMA 2009:3).

Des Weiteren produzieren die japanischen Hersteller nicht alle ihrer benötigten Teile selber, sondern beziehen verschiedene Autoteile von US-Firmen. Ein Verlauf dieser Zukäufe zeigt das folgende Diagramm.

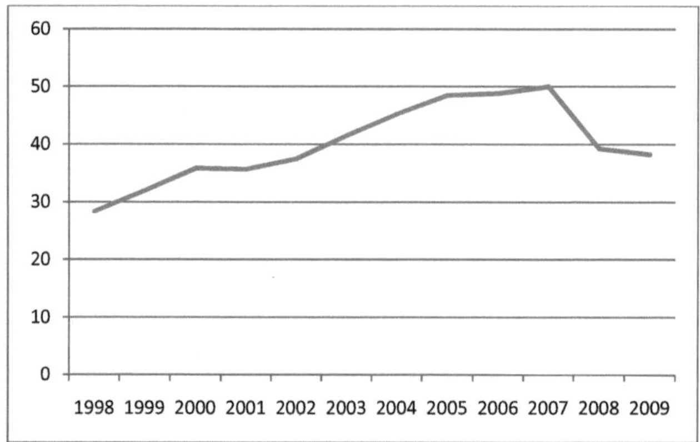


Abbildung 6: Wert von zugekauften US Autoteilen in Mrd. USD
enthält auch die Zukäufe für Montagewerke in Japan.
Quelle: verändert nach JAMA (2009), S. 6

Das Diagramm zeigt eine positive Entwicklung bis zum Jahr 2007 in dem beinahe Teile im Wert von 50 Mrd. USD von japanischen Automobilherstellern für ihre Werke in den USA und Japan zugekauft wurden. Danach sind auch diese Zahlen korrespondierend zu den Produktionszahlen aufgrund der Wirtschaftskrise zurückgegangen.

# 5 Zukunft der japanischen Automobilindustrie in Nordamerika

Japanische Automobilunternehmen in Nordamerika werden in der Zukunft weiter in die vorhandene Infrastruktur vor Ort investieren. Vor allem die Forschungs- und Entwicklungsabteilungen werden eine entscheidende Rolle spielen. Sie sind für die Autos der Zukunft verantwortlich und diese sind vor allem durch immer geringeren Kraftstoffverbrauch und Umweltfreundlichkeit charakterisiert. Somit ist die Zukunft was die japanischen Hersteller bereits in der Vergangenheit zum Erfolg auf dem nordamerikanischen Markt geführt hat, nämlich kraftstoffsparende und umweltschonende Kraftfahrzeuge.

Bereits Ende der 1990er Jahre haben japanische Hersteller sogenannte Hybridfahrzeuge auf dem amerikanischen Markt eingeführt. Diese verfügen nicht nur über einen üblichen Verbrennungsmotor, sondern zusätzlich über einen alternativen Antrieb, wie etwa einem Elektromotor. Folgendes Diagramm zeigt die deutliche Stellung japanischer Hersteller im Bereich der Hybridfahrzeuge.

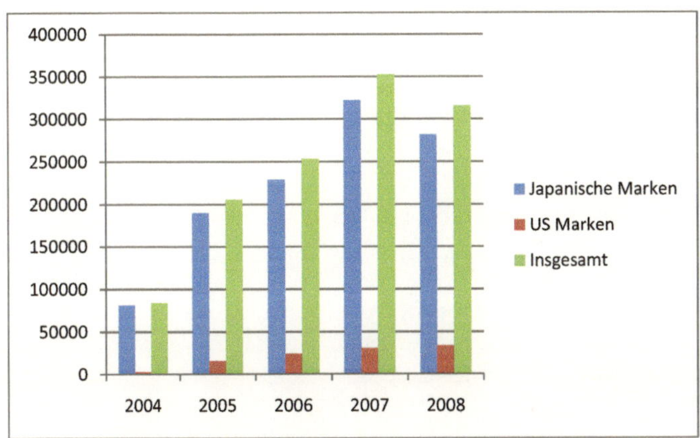


Abbildung 7: Verkaufszahlen Hybridfahrzeuge in den USA
Quelle: JAMA (2009), S. 10.

Die Verkaufszahlen zeigen eine deutlich positive Entwicklung bis zur einsetzenden Rezession. Im Vergleich zu den insgesamt verkauften Fahrzeugen machen Hybridfahrzeuge einen noch vergleichsweise geringen Anteil aus, aber durch ein steigendes Bewusstsein für Umweltverträglichkeit und dem notwendigen Wegkommen von fossilen Brennstoffen ist davon auszugehen, dass der Anteil solcher Fahrzeuge weltweit zunehmen wird.

Die japanischen Automobilunternehmen haben sich auf dem nordamerikanischen Markt durchgesetzt und heute eine bedeutende Stellung eingenommen. Sie haben es geschafft die Vormachtstellung der großen Drei zu kippen und beinahe eine tiefe Krise in der amerikanischen Automobilindustrie auszulösen. Diese Entwicklung ist auf verschiedene Aspekte zurückzuführen: das richtige Produkt zur richtigen Zeit, das qualitätssichernde Servicenetz vor Ort und schließlich die Errichtung von eigenen Montagewerken auf dem nordamerikanischen Kontinent. Auch die Kostenvorteile durch das Produktionssystem brachten entscheidende Impulse zum Erfolg.

# Literaturverzeichnis


American Honda Motor Co. (2010): Original Thinking: Honda in America: 2010. <http://www.nxtbook.com/nxtbooks/hondainamerica/hondainamerica2010/#/0> abgerufen am 11.02.2011.

Arnesen, P. J. (1987): The Japanese Competition – Phase 2. Ann Arbor: Center for Japanese Studies (=Michigan Papers in Japanese Studies No. 15).

Becker, H. (2006): Phänomen Toyota. Heidelberg: Springer.

Bone, R. M. (2008⁴): The Regional Geography of Canada. Don Mills: Oxford.

Brahmst, E./Hill, K. (2003): The Auto Industry Moving South: An Examination of Trends. Center for Automotive Research <http://www.cargroup.org/pdfs/North-SouthPaper.PDF> abgerufen am 10.02.2011

Chang, C. S. (1981): The Japanese Auto Industry and the U.S. Market. New York: Praeger.

Flüchter, W./Yamamoto, K. (2002): Automobilindustrie in Japan. In: Geographische Rundschau 54(6), 18-27.

Hahn, R. (2002): USA. Gotha: Justus Perthes Verlag.

Honda Canada Manufacturing Inc. (2010): Honda Canada Milestones. <http://www.honda.ca/honda-in-canada/honda-canada-milestones> abgerufen am 10.02.2011.

Howes, C. (1993): Japanese Auto Transplants and the U.S. Automobile Industry. Washington: Economic Policy Institute.

Industry Canada (2010a): Canadian Automotive Sector Overview. <http://www.ic.gc.ca/eic/site/auto-auto.nsf/eng/request.html?Open&id=D5808060EA202245852577 62004BE99C&p=1> abgerufen am 30.09.2010

Industry Canada (2010b): Assembly Plants in Canada. <http://www.ic.gc.ca/eic/site/auto-auto.nsf/eng/am00767.html> abgerufen am 10.02.2011

Japan Automobile Manufacturers Association of Canada (JAMA) (2009²a): A Short History of the Japanese Automotive Industry in Canada. <http://www.jama.ca/industry/history/JAMA_History_ENG_09.pdf> abgerufen am 28.09.2010

Japan Automobile Manufacturers Association, Inc. (JAMA) (2009b): Contributing to the Future of the American Automobile Industry. <http://jama.org/pdf/brochure_Oct2009_2page.pdf> abgerufen am 27.09.2010.

Japan Automobile Manufacturers Association, Inc. (JAMA) (2010): The Motor Industry of Japan 2010. <http://jama.org/pdf/MIJ2010.pdf> abgerufen am 27.09.2010.

Krumme, G. (1991): Die japanische Automobilindustrie in den USA. In: Praxis Geographie 21(10), 23-27.

Lenz, K. (2001): Kanada. Darmstadt: Wissenschaftliche Buchgesellschaft.

Mitsubishi Motors North America, Inc. (2010): Manufacturing Division. <http://www.mitsubishicars.com/MMNA/jsp/company/manufacturing.do> abgerufen am 11.02.2011.

Nissan Motor Co., Ltd. (2010): Profile 2010. <http://www.nissan-global.com/EN/DOCUMENT/PDF/PROFILE/2010/Profile10_E.pdf> abgerufen am 11.02.2011.

Perry, R. (1982): The Future of Canada's Auto Industry. Toronto: James Lorimer & Company.

Schneider-Sliwa, R. (2005): USA. Darmstadt: Wissenschaftliche Buchgesellschaft.

Sims, M. K. (2004): Establishing production in North America: challenges for overseas assemblers and suppliers and implications for the domestic automotive industry. Ann Arbor: University of Michigan, Transportation Research Institute. <http://deepblue.lib.umich.edu/bitstream/2027.42/21607/1/98143.pdf> abgerufen am 11.02.2011.

Statistics Canada (2010): Population of Canada, provinces and territories in the last 50 years. <http://www12.statcan.ca/census-recensement/2006/as-sa/97-550/table/t1-eng.cfm> abgerufen am 11.02.2011.

Toyota Motor Manufacturing Canada, Inc. (TMMC) (2010): Who We Are. <http://www.toyota.ca/cgi-bin/WebObjects/WWW.woa/1/wo/Home.TMMC-YASDSWuicJ9bY75sPsQ0DM/7.7?t120000e.html> abgerufen am 10.02.2011.

Toyota Motor North America, Inc. (2010): United States Operations 2010. <http://www.toyota.com/about/our_business/our_numbers/images/2010USOperationsBr USOper.pdf> abgerufen am 10.02.2011.

Vogelsang, R. (1993): Kanada. Gotha: Justus Perthes Verlag.